U0188119

Diaries in the Wild

李元胜——著

自然日记

重庆大学出版社

和美丽万物在一起

李元胜

  十月的海南尖峰岭，在午夜的原始森林深处，我的手电筒光在巨大无边的漆黑中缓缓扫描着——另一个绝对不同于白昼的世界，正一点一点地呈现出来：一条粉链蛇在落叶堆中逶迤而过；距落叶堆两米远，一只林鼠停止了啃食掉在地上的野果，竖起了硕大的贝壳般的耳朵；而近在咫尺的长满青苔的树干上，一只身着迷彩服长刺的竹节虫，正津津有味地啃食树叶；竹节虫的左边，竟然停着一只熟睡的颜色旧暗的虎甲……一时，我不知道把相机瞄准哪一处，它们都珍贵而且惊艳。两个小时后，我才脚步疲倦地向两公里外的住宿地走去。当我走出密林，来到公路上，发现尖峰岭竟然这么高，繁星低低地环绕着我的头顶，似乎每一颗都饱含水分。

  "你可真是胆大！"第二天早晨，餐厅的服务员把早餐递给我时说。他说他两点多起夜，看见我一个人背着包走进山庄。我微笑了一下，什么也没说。曾经，我是一个害怕黑暗的人，害怕蛇，说起来惭愧，我连毛毛虫都害怕。但是十多年的野外考察，不知不觉，我迷上了原始森林，迷上了居住在里面的各种精灵家族。不知不觉，我变成了另一个无所畏惧的人，甚至，比起一群人在夜里巡山，我更喜欢一个人轻手轻脚地在深夜行走，拜访人类视线以外的生命奇迹。

  很多时候，我并没有工作。那些熟悉的蝴蝶和甲虫，我已经拍下了数不清的照片，但我仍然不舍得起身离开，我情愿坐在原处，无所事事地看着它们。娇小的燕凤蝶的两根尾突，飞行时会快速地互相缠绕；甲虫起飞前，会微微掀开硬壳，再左右转动身子三次以上；杨二尾舟蛾在受到惊吓时，会冲你扮一个鬼脸，再从尾部伸出两根红色的飘带……这些细节，我百看不厌。我坐在那里，完全体会不到时光流逝人将衰老，完全不知道什么叫孤独彷徨，心中唯有喜悦盘旋——万物美丽，而我和它们正亲密无间地坐在一起。

一月

JANUARY

整个中国还停留在茫茫冬天里，云南南部的冬樱花却已经开了，再配合点晴空艳阳，完全可以着衬衣在户外行走。冬樱花，也叫云南高盆樱。是全国开得最早的樱花吧。这张照片是2017年春节期间在勐海县城拍的，整个县城的冬樱树都开满繁花。我的车开到冬樱树下，就完全开不动了。下车观赏了很久，才很不舍地离开。

珠颈斑鸠

JAN.

珠颈斑鸠已成常见野鸟，它数量虽然不算最多，但体型大，不惧人，常常慢吞吞地在各个社区的小道上散步。它的慵懒有时影响到我的驾车出行。有一段时间，我发动车往外开的时候，总有两只珠颈斑鸠立于路上，好奇地伸长脖子，没有要飞走的意思。怕压到它们，便停车上前驱赶，它们才悻悻飞走。此外，媒体还多次报道，珠颈斑鸠在居民阳台上筑巢孵蛋。

谭文奇 摄

源自南美的红花西番莲，已成为大陆热带地区受宠的观赏植物。它生命力强大，四季开花，花还很惹人爱。其实西番莲的花都很奇葩，但是奇葩得不丑，艳丽得有创意。多数西番莲的花，都既像莲台，又像花篮。红花西番莲的花篮，就必定是节日专属型的，红红火火，喜气洋洋。

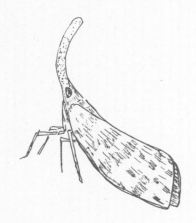

报喜斑粉蝶

正值西双版纳的旱季，一只报喜斑粉蝶，不知从什么地方飞来，估计是飞得太渴了，一头栽进溪水中，而不是潮湿的溪边，还没站稳就吸了起来。它的足全部站进了水里，后翅也有一部分浸入了水中，但是它根本不管，只顾吸个不停。这该是有多渴啊！

二月

FEBRUARY

姜科山姜属的种类，很多都令人赏心悦目，比较常见的是艳山姜。不过，即使在这样的华丽家族里，瓷玫瑰仍然是最美丽惊人的物种。它的花箭会从植物根部直接发出来，花序形成完美的玫瑰形状，但是比玫瑰大多了，颜色鲜艳。我第一次在西双版纳看见时，还以为是谁做了一朵塑料花，因为它是革质的，在风中一动不动。走近仔细观察，才发现它是活生生的。

红嘴鸥

红嘴鸥一身冬装（说专业点叫冬羽，难道鸟还有冬羽夏羽？当然！）还在云南的抚仙湖逗留，作迁飞的准备。教你一个识别冬羽红嘴鸥的最简单的办法：眼眶后面，有个小黑斑。这个黑斑在繁殖期就不显眼了，因为它整个头部都会是棕色的。3月，它们就纷纷北飞啦，那个时候再去抚仙湖，一湖空阔，水面只剩几片羽毛。

谭文奇 摄

它停在一片草叶上，安静地等候阳光，翅膀上挂满了露水钻石。看上去，一动不动的它，简直不像一个活着的生命——它更像一个精心雕刻而成的伟大艺术品，每个细节都晶莹剔透，精彩非常。但如果你仔细观察，它的触角偶尔会晃动一下，似乎在探测空气中的波动。它卷曲的喙也有着细微的颤动，好像如果不是主人的克制，这喙早就伸了出来，经历了一个整夜，它应该是很饿了。芒峡蝶就这样承受着露水钻石的重量，这华美的装饰让它笨重不堪，但又能怎么样呢。蝴蝶是我见过的最需要阳光的物种，没有阳光，就没有飞行的能力，只能委屈地停留在栖息之处。

报春石斛

报春石斛有着特别的美。从秋天开始，它就进入休眠期，叶子落尽，只剩下光秃秃的枝条下垂着，看上去很窘迫无奈。然而，一旦花开，画面立即焕然一新。凄凉的枝条上，突然绽放饱满、娇艳的新花，只需几朵，就足以照亮一个角落。春天里，看到这样的画面，真觉得它的名字取得好极了。

三月

MARCH

M
A
R
.

最常见的路边灌木，很少有人会注意到它的花。因为它们多被修剪得整齐矮小，仿佛是小道和别的观赏植物的陪衬。其实，它的花真是很奇特。它的花瓣是极为罕见的飘带形状，一朵花由两对长带构成，仿佛一对舞女挥舞在空中的长袖。红花檵木的花成簇，这样，我们看到的简直是群袖纷飞，妙不可言。红花檵木还有一个近亲，白花檵木，野生的居多，开花清逸脱俗。如果说红花檵木像热情的凤姐，那白花檵木就差不多是高冷的妙玉了。

鸬鹚

鸬鹚，也叫鱼鹰，和南方人有着深厚的渊源，南方江湖众多，捕鱼是先民重要的谋生之计。聪明的先民成功地掌握了驯化鸬鹚的方法，在它的喉部系上绳子，鸬鹚捕到鱼后，无法吞下，只好吐给主人。人和鸟的合作已有千年的历史。现在，这个传统几乎消失，我近十年看到的唯一一次鸬鹚为人捕鱼，是作为一个旅游区的表演项目展示的。人们不再利用鸬鹚，鸬鹚也乐得自在逍遥。

寒枫 摄

M
A
R
.

旱金莲色型很多。当然，不管哪个色型，花叶都可食用，泡水喝还能润喉。我最偏爱这
一款纯黄的，只有纯黄才不负金莲的名字嘛。如果秋天播种，三月就可欣赏它的花了。
如果你去看花的时候，运气足够好，就会有晨光像这样打在它的"眼睫毛"上……

蒲公英

旷野里，最早盛开的一批蒲公英花，早已凋落。代替黄色花朵的，是蒲公英的种子球。一朵小小的蒲公英花，其实由两百多朵雌花组成，一周左右，它们就长成了两百多粒蒲公英种子。每一粒都头顶蓬松的冠毛，冠毛下是长长的"喙"，连接着瘦果。瘦果的尾部，在成熟后自然枯萎，和花托就会失去连接作用。一缕轻风袭来，种子就浮到空气中，晃晃悠悠，开启它们未知的一生。

M
A
R
.

　重庆的早春蝴蝶中，剑凤蝶是最美丽的。长长的尾突，水墨风格的华裳，飞起来特别优雅。其他蝴蝶，差不多春夏秋三个季节都能看到，但有的早春蝴蝶，只在春天出现。所以，要看到它们并不容易，剑凤蝶就是其中之一。有好些年，我每年早春，都会去剑凤蝶出现的地方，守候它们，一待就是半天。那半天，空中来来去去的，全是优雅的剑凤蝶。

四月

APRIL

在野外发现意草蛉，几乎是所有昆虫爱好者的梦想。它可能是昆虫纲中最为纤细、剔透的美丽物种。它的翅膀完全透明，身体黄色间以红斑，非常醒目。但最令人惊叹的是，如果阳光以某个斜角照射着它，它的翅脉会闪耀着灿烂的金色，仿佛空气中颤动着的金丝。

红头长尾山雀

近十年来，我国体形最小的鸟——红头长尾山雀在城乡的种群数都在上升，人们更容易看到这长得虎头虎脑的小家伙了。到了四月，雏鸟已经能够在鸟巢的附近活动，但还不能自食其力。亲鸟来回忙碌，把捕获的小昆虫直接喂到雏鸟嘴里。它们是如此小巧玲珑，可以双双停在一根柔弱的油菜上。

寒枫 摄

以重庆为例，3月下旬，白芨便开始零星开花，到了4月，就开成一片了。白芨花就像家教很好的女子，温婉、雅致，亭亭玉立在旷野中。由于有很好的药用价值，白芨已开始推广种植，这样，要看到以前难得一见的白芨，就容易多了。

常春油麻藤

常春油麻藤几乎是最野性的藤本植物。在南方，给它一个机会，就会长得铺天盖地，把各种乔木变成它的支架。山民普遍不太喜欢它，说它太过强势，影响其他植物生长。但作为观赏植物，它还是极好的。数十年的老藤上，一次能挂上千朵花，有如紫云压城。如果单独看花，更美妙，简直是一只展翅欲飞的小鸟。

五月

MAY

MAY

红蝉是近年来非常受宠的园林藤本植物，和我国南方广泛种植的黄蝉花叶相似，但颜色不同。其中的一个品种红磨坊，还获得过2007年法国国际园艺花卉金奖。这是一种很耐看的花，叶绿花红花心有黄，搭配得近乎完美。我栽种的红蝉刚开花时，我每天都要去守着看一会儿。

紫水鸡

可能是为了适应水田的色调吧，多数秧鸡色如秋草，不算好看。不过，体形较大的紫水鸡就是一个例外了，它生活在更宽大的水域，芦苇荡、沼泽都是它喜欢待的地方。它不善飞行，但在漂浮在水面上的植物间可轻盈自如地行走。我曾见过它在凤眼莲上奔跑，仿佛施展着轻功，一股蓝烟就过去了。很奇怪凤眼莲怎么能够承受住它的重量。

谭文奇 摄

杨桃我不怎么爱吃，但是非常喜欢杨桃的花。一来很精致，有雕刻感；二来花团一大簇一大簇的，直接围绕着粗大的树干，气氛热烈、欢喜。因为喜欢，所以见到就拍，后来就糊涂了，因为春夏秋冬，都拍到过杨桃花，难道杨桃是四季开花？请教了一个专业人士，才知道杨桃开花结果是不受季节限制的，花果交替进行，采果后又会生新花。不过，还是夏天开花的时候结的果最好吃。好吃？难道我吃的果都是其他季节开的花？

在蜻蜓家族中，海南独有的丽拟丝螅是珍稀、美丽的种类，它有着透明的前翅，艳丽的后翅，飞行的时候后翅忽闪忽闪，非常耀眼。由于羞怯，它永远警惕地和人保持着10米以上的距离，在野外拍到它还真是困难。我算是最幸运的人了，遭遇五次丽拟丝螅，拍到两次。一次是在五指山，我躲避旱蚂蟥，有半天干脆待在溪水里，结果很容易就拍到溪水上空活动的丽拟丝螅。一次是在呀诺达，小雨霏霏，一只避雨的丽拟丝螅，任凭我拍，只在那一丛灌木中飞来飞去。

有一次，我在重庆四面山的密林里散步，偶然瞥见灌木丛中似有人露齿而笑，但换一个角度，就看不见了，难道是我看花了眼？好奇心强烈的我，是不会就此走开的，我绕过去仔细观察，发现是鸢尾花的种子露出了整齐的"牙齿"。

六月

JUNE

谭文奇 摄

一只翠鸟偷鱼得手，绝尘而去。看到谭文奇的一组照片，我才明白我的柳条鱼是怎么消失的。曾经为观察柳条鱼繁殖，我在阳台上的水箱里养了十几条，箱顶有盖，鱼活得很好。有一天出门前，我想让鱼多接触一下阳光，就没盖上盖。下班回家后，发现水箱里一条鱼也没有了。小区里，翠鸟常见。我只是没有想到翠鸟适应能力这么强，还敢到阳台上偷鱼。

叶蝉

叶蝉的种类众多，和人们生活关系非常密切，也是很让农民及茶农头痛的小家伙。它们有飞行能力，但是在遇到天敌时，比起飞，它们跑的速度更快。它们逃跑的方式即用强劲的后腿把自己直接弹射出去。这只被惊动的叶蝉，正从一根细枝蹦向另一根，我的快门凝固了它蹦到空中的瞬间。

球花石斛开花的时候，我家就像过节一样，它的花真的就像节日一样盛大、壮观。种它真是性价比超好，耐阴、不用管理，到了季节自会开花。不过，我给它配的花盆可大有来历，是在金佛山一农家柴禾堆里发现的一截陈年老树桩，我让男主人给我挖空成花盆，然后用花生壳和松树皮把球花石斛固定住就好了。

黄猄蚁

黄猄蚁有着夸张的上颚，被它们咬中会有触电般的短暂疼痛感。漫步在热带的草丛中，被黄猄蚁咬得全身一愣，是经常的事。但总的来说，我还是很喜欢这些勇敢又充满智慧的小家伙。在它们看来，没有什么是它们不能攻击的。就在我举起相机对准这只黄猄蚁的时候，它毫不畏惧，反而威胁性地举起了上颚。

七月

JULY

张巍巍 摄

白
马
鸡

白马鸡是中国特有鸟类，是高海拔山林的古老居民，雪国的精灵。它一身雪白，绝不仅仅是为了好看，而是在高海拔地区的茫茫白色中更容易隐身。比起飞行，它们更喜欢成群结队地优雅散步，互相用宏亮的鸣叫声进行联络。

山丹

山丹，又叫细叶百合，"山丹丹开花红艳艳"说的就是它。汽车行进在甘南的迭部县，路过一个山谷，我立即看见了耀眼的它们，像火苗，闪耀在悬崖上，感觉就是山丹。第二天，我步行重回这个山谷，凭记忆找到了那一簇山丹，很费力才爬上山崖，近距离观赏到了这个听说了若干年的红色百合花。

和最常见的菜粉蝶比起来，绢粉蝶真不愧于它名字里的这个绢字，翅膀如绢，透光透影，飞起来似更轻盈。我在迭部县的一条小河边的灌木丛中，发现了绢粉蝶群，有的单飞，有的吸食花蜜，有的产卵，都各忙各的。这一只雄蝶纠缠着雌蝶，申请交配。而雌蝶摆出了拒绝交配的姿势，她已经过了这个阶段，等着产卵啦。

野草莓

上山的时候，如果差不多是正午，又碰到野草莓，就是我的就餐时间了。我习惯带白馒头上山，餐时遇到什么能吃的，就夹什么吃，不挑剔。碰到野草莓，就算是一顿美妙的野餐了。甜甜的、酸酸的，吃着特别生津，又有满口的果鲜味。唯一的缺点是，要十几粒才够得上一颗草莓的重量。好在，野草莓都是群生的，有时感觉整个山坡都是它们的小红球在晃动。只需要辛苦点收集起来就行。

八月

AUGUST

A
U
G
.

香青的特点就是耐看，密密的花朵挤在一起，但不乱，总有一种似乎经过精心安排的
秩序。它们依循盛开后，高低错落地组合成一起，自成一片小景。珠光香青，在香青
中格外挺拔，个头高，叶子革质，坚挺如剑，似乎有足够的能力保卫它们自己柔美的
花簇。

稠李

李元胜

在洛古河村，一年有三个月

万木葱郁，遍地野花

稠李也在霜冻前结出黑色的果实

小心地咀嚼着它

强烈的涩，让我想起九个月的冰雪

让我想起，自己差不多十年融化一次

长达十年的涩啊

之后，才由上苍安排出

鲜美的果浆味，短促、羞涩地

涌到舌尖，像有限的安慰

更像委婉的训诫

2016年8月14日作于黑龙江漠河

张巍巍 摄

AUG.

国内仅西藏和青海可见的纵纹腹小鸮是天生的萌主，各类猫头鹰从长相说都有点蠢萌，但这位"小主"绝不止于长相，它酷爱重复两个古怪的动作：神经质地点头和转动头部，好像这些动作不由自主、没法控制，难道在安静的情况下就不容易发现草丛中的昆虫？

角斑樗蚕是一种大型天蚕蛾，它是被灯光吸引来的。天蚕蛾的飞行，犹如华丽的舞蹈。更令一般人想象不到的是，它们飞行得最优美的样子，是我们看不到的。在夜色中，在星空中，凭借着月光或星光的提示，它们在高大的乔木树冠之间翩翩来去。可惜，我们看到的天蚕蛾，都是被人类的灯光迷惑，失去了正确的飞行航线的迷航者。就像冲上沙滩或海滩的海豚，也像陷入淤泥中的梅花鹿，它们很难表现出平时运动时的优美身姿。

夏天的夜晚，打着手电筒在野外很容易找到蟋斯，当然，也会碰到蟋斯的若虫。蟋斯与蟋蟀一样，善于鸣叫，在昆虫中素有音乐家之名。当然，它其实是靠一对覆翅的相互摩擦发声的。由于覆翅的结构不同，摩擦时发出的声音也高低不同。人类至今还未研究出采用这种摩擦发音法的乐器，可见蟋斯的鸣叫原理还是比较复杂的。

九月

SEPTEMBER

中秋节那天，在乌江流域的摩围山登高，气喘吁吁登上绝顶，忽然视线与一株野生桂花相遇。仔细看，花似悬铃，有着尖尖的秀气的花瓣，与熟悉的栽培种大不相同，深深吸了一口气，清新、别致的香气深入肺腑。原来这是大名鼎鼎的坛花木犀。低头一想，中秋节拜山，能拜到这位桂中隐者，真是福缘不浅。

大鵟

大鵟位于食物链的顶端，是中国的猛禽之王，草原上的小动物都只是它的口粮而已。曾经有观察者记录过，一对大鵟为养活三只雏鸟，一天竟要猎杀20多只小动物，而被猎杀最多的是鼠兔，体形不小的旱獭也不能幸免。据说，当食物缺乏时，它们连绵羊也不放过……太疯狂，也太残暴了……

张巍巍 摄

乌头的花，都没打算开得像花的样子，这是我在野外多次邂逅各种乌头后，得到的一个印象。不过，最让我震惊的，还是黄花乌头的花，哪里还是花朵，简直就是几位高僧空中入定，或者说身心已在别的世界，此间唯留一张木木的面孔。

常被人误认为是蜂鸟，因为它们常在花间悬停。这只长喙天蛾，正在臭牡丹上盘旋、吸食。这个场景发生在重庆大木原始森林的一个山谷里，那里，半个山坡都是臭牡丹，几十只长喙天蛾在那里繁忙来去，非常壮观。

十月

OCTOBER

可可的花很小，又直接长在可可树的主干上，所以路过还很不容易发现。我是在海南的
兴隆植物园看到可可树的。先看到硕大的果实，再仔细看，就看到了可可花，肉肉的，
长得很特别。想到可可都那么香，忍不住凑近闻了一下，结果我就不说了，有机会你们
自己试试吧。

锹甲

OCT

雄性的锹甲有着一对巨腭，威风凛凛，所以深受男孩子们的喜欢。锹甲在西南地区叫夹夹虫，谁的童年没有过玩夹夹虫的历史？锹甲的一对发达的腭，绝不仅仅是摆设，它们有着和锹甲身体不成比例的强大钳力，在争夺异性时有用；在对付天敌时，也有用。不过，打架可以，飞行时，就会受其拖累啦。一般的甲虫飞行时身体和地面是平行的，这是最合理的角度。飞着的锹甲，却是举着大腭飞行，身体差不多是竖起的。这就费劲多了。

在尖峰岭树林里散步，发现空中飘着几朵小降落伞，待它们落到石头上，仔细观察，原来是萝摩科植物的种子，和科代表萝摩的种子很接近。萝摩科植物的果实成熟后，会爆裂开。里面的种子，每一粒都长发飘飘，就像松软的降落伞，一缕轻风就会把它们带到很远的地方。这算是萝摩科植物散叶开花的特技，种子的旅行很巧妙，还很美。

棘蝉

在西双版纳望天树，让我激动的发现之一，是在一片又宽又长的姜科植物叶片上，找到了一只棘蝉。它不像是活着的生物，更像是精心雕刻出来的饰品！它有着透明的翅膀，但和身体相比，这翅膀有点偏小。估计它仍然是善于弹跳吧。这是一种传说中的珍稀种类，属于巢沫蝉科。

蒜香藤近年来越来越受人喜欢，经常在朋友圈看到美貌的它。它总是那么健康的样子，花期还惊人地长，一直持续到秋天。它的名字让我很奇怪，难道这个藤本植物会散发出蒜香？为了验证，我拾起它掉下的花，闻了闻，并没有，揉碎了再闻，果然有类似于蒜香的味道。

十一月

NOVEMBER

由于国内没有大王花，因此在勐仑的热带植物园和厦门万石植物园能看到的巨花马兜铃，就算是最巨大且略有臭味的花了。马兜铃的花从来都很奇葩，而以巨花马兜铃最为登峰造极。它的雌蕊和雄蕊本来是长在一起的，但是并不同时成熟，所以需要昆虫帮忙授粉，巨大的花和臭味都是为了吸引昆虫吧……这样的策略没什么问题，只是，真的需要这么夸张吗？

一点灰蝶

灰蝶体积小，多数颜色不鲜艳，是蝴蝶中最不引人注意的种类。连灰蝶都不放过，见到都要驻足仔细观察的，都是资深的蝴蝶迷吧。最初看到一点灰蝶的图片，很惊讶它翅膀上这明显又孤独的一点。查资料，上面说是澳大利亚和斯里兰卡才有，很羡慕……然后，就在广东和贵州先后看到啦……我大中国，地大物博。

张巍巍 摄

赤麻鸭又叫黄鸭，是著名的旅行家。从11月起，直至次年3月，在长江流域以南就能见到它。赤麻鸭曾有庞大的种群，现在却已经列入濒危物种。可想而知，世世代代让它们成功生存的越冬之旅，竟一度成了危险旅程，30多年来种群数剧减。近年情况有所改观，很多地方重现了百只以上赤麻鸭在越冬地栖息的景象。祝愿赤麻鸭的旅行能越来越平安。

白蛾蜡蝉

自广东鼎湖山与白蛾蜡蝉偶遇，阔别已有十多年。我多爱这神奇的物种啊，但这喜欢又多少有点矛盾，因为它毕竟是有名的林业害虫。还是回到我的第一印象吧：白蛾蜡蝉有着象牙或玉石般的光泽，翅膀顶部的锐角似乎略显夸张，它们就像一群热带鱼，安静地栖息在巨大水草的下面。见惯了绿色系的蛾蜡蝉，真觉得白蛾蜡蝉才是大家闺秀。

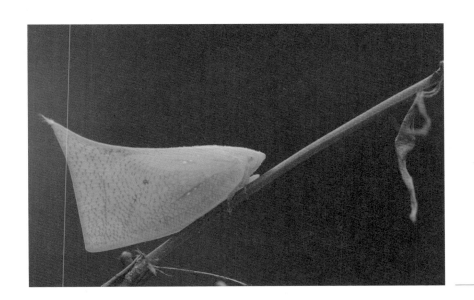

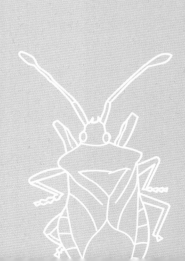

十二月

DECEMBER

我国最温暖的几个省，如海南、广东等，12月还能看到龙眼鸡。龙眼鸡栖息于荔枝、龙眼树上，有着不同寻常的长相，它的头额突起如长长的鼻子，看上去十分滑稽，它的翅膀非常艳丽夺目。冬天是它们最安静的时候，要等到春天才逐渐活跃起来。

铁线莲

冬天的山野，铁线莲果实构成了奇异的风景。单独看一粒，就像一位白发苍苍的老父亲，披头散发，回忆着漫长的一生。但是它很少有单独的时候，我们常常看到的是如云如雾，成百上千的它们挂得满山遍野，让一面山坡银光闪闪。

由于飞行能力相对较弱，豆娘显得格外亲水，一般不会在离水域很远的地方活动。从流水性的溪流、山沟、小河，到静水性的池塘、湖泊、沼泽、水洼、水田都有着不同习性的豆娘在活动。豆娘中的扇螅，其雄性有着特别的外观：它们的中后两对足，膨大如白色树叶，飞起来如几片树叶在翩翩起舞，估计这是雌性扇螅所偏爱的舞蹈样式吧。

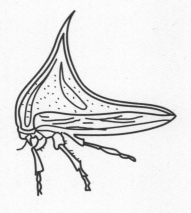

椰子

许多植物的种子都很小很轻盈，或者长着翅膀，这都是为了凭助风力传播得更远，增加生存机会。而椰子就是椰树的种子，一个椰子就只是一粒种子。如此巨大的种子，在重量和体积上，在植物界肯定是能进前几名的。显然，椰树是根据风大浪大的海边，设计了另外的针对性很强的种子策略。有些好奇心强的人，割开椰子，到处找种子，结果很失望，果肉中并没有。这是因为切开一粒种子，其实你只能找胚，这关键性的胚在椰子基部的小孔下面。小孔就是为了给未来的芽留下通道。

图书在版编目 (CIP) 数据

自然日记/李元胜著 .—重庆：重庆大学出版社，
2017.10
ISBN 978-7-5689-0650-0

Ⅰ.①自…　Ⅱ.①李…　Ⅲ.①自然科学—普及读
物　Ⅳ.① N49

中国版本图书馆 CIP 数据核字（2017）第 166574 号

自然日记
ZIRAN RIJI
李元胜　著

策划编辑：梁　涛
责任编辑：张　维　李佳熙
书本设计：周伟伟
责任校对：关德强

重庆大学出版社出版发行
出版人：易树平
社址：（401331）重庆市沙坪坝区大学城西路 21 号
网址：http：//www.cqup.com.cn
邮箱：fxk@cqup.com.cn（营销中心）
全国新华书店经销
印刷：山东临沂新华印刷物流集团有限责任公司

开本：787mm×1092mm　1/16　印张：14.5
2017 年 10 月第 1 版　　2017 年 10 月第 1 次印刷
ISBN 978-7-5689-0650-0　　定价：68.00 元